Bibliografische Information der Deutschen Nationalbibliothek:

Die Deutsche Bibliothek verzeichnet diese Publikation in der Deutschen National-
bibliografie; detaillierte bibliografische Daten sind im Internet über http://dnb.d-
nb.de/ abrufbar.

Impressum:

Copyright © 2017 GRIN Verlag
Druck und Bindung: Books on Demand GmbH, Norderstedt Germany
ISBN: 9783668714045

Dieses Buch bei GRIN:

https://www.grin.com/document/426990

Liweilan Ma

Flexibilität im Stromnutzungsverhalten von Endkunden

GRIN Verlag

Flexibilität im Verhalten von Stromkunden

Seminararbeit

Liweilan Ma

An der Fakultät für Wirtschaftswissenschaften
Institut für Industriebetriebslehre und Industrielle Produktion (IIP)
Lehrstuhl für Energiewirtschaft

Inhaltsverzeichnis

1. Einführung

Im Zuge der Energiewende wird die Elektrizität zunehmend aus erneuerbaren Energiequellen wie Sonne und Wind bereitgestellt. Die fluktuierende Einspeisung dieser Energien stellt allerdings eine große Herausforderung für das Energieversorgungssystem dar. Hinzu kommt, dass in Zukunft immer mehr dezentral Elektrizität eingespeist wird und z.B. durch das Laden von Elektrofahrzeugen kurzfristig hoher Leistungsbedarf entstehen kann. Diese Veränderungen im Energiesektor erfordern von daher einen Paradigmenwechsel: Anstelle wie bisher, dass das Angebot von Elektrizität der Nachfrage (top-down) folgt, soll von nun an die Nachfrage gemäß dem Angebot (bottom-up) gesteuert werden– z.B. es sollen Anreize geschaffen werden, dass Endkunden ihr Verhalten an die Verfügbarkeit von Strom anpassen.

Warum ist es wichtig, dass gerade Endkunden wie z.B. die Haushalte aktiv an dem Geschehen des Energiesystems teilhaben? Zum einen wird ein signifikanter Anteil an Endenergie von den Haushaltskunden verbraucht, in Deutschland sind es 26% des gesamten Endenergieverbrauchs (BDEW, 2016), in Großbritannien 36% (Darby & McKenna, 2012) und in den USA 37% (Zipperer, et al., 2013).

Zum anderen spielen die Haushaltskunden eine noch größere Rolle in Spitzenlastzeiten, dort sind sie beispielsweise für 45% der Spitzenlast in Großbritannien (Darby & McKenna, 2012) und jeweils für mehr als 50% in Neuseeland und Südaustralien verantwortlich (Gyamfi & Krumdieck, 2011). Das abgeschätztes Potenzial für Absenkung der Spitzenlast beträgt z.B. für die Großbritannien 10% (Darby & McKenna, 2012).

Diese Arbeit beschäftigt sich mit Konzepten, die bei Endkunden zur Verhaltensänderung führen können. Der Rest der Arbeit wird wie folgt gegliedert: Abschnitt zwei erklärt die Grundlagen zu Demand Response und das Stromkundenverhalten, während Abschnitt drei einen Überblick über Konzepte zur Verhaltensänderung verschafft und auf die monetäre und nicht-monetäre Anreize eingeht. Anschließend werden im Abschnitt vier verschiedene ausgewählte Feldstudien vorgestellt. Die Herausforderungen, die dabei ersichtlich werden, werden im Abschnitt fünf diskutiert. Zum Schluss kommt das Fazit.

2. Grundlagen

Um die Flexibilität der Stromkunden zu untersuchen, sollen einerseits zunächst das Verhalten von Stromkunden näher untersucht werden und andrerseits Konzepte zur Flexibilitätsbereitstellung und Verhaltensänderung ausfindig gemacht werden. Während das Stromkundenverhalten von unterschiedlichen Disziplinen unterschiedlich betrachtet wird, können Konzepte, die eine Verhaltensänderung von Kunden bewirken, unter die Demand

Response Programme eingeordnet werden. In diesem Abschnitt werden die nötigen Grundlagen zusammengestellt, die für das Verständnis von der Flexibilität von Stromkunden notwendig sind.

2.1. Stromkundenverhalten

Haushalte weisen im Stromverbrauch eine hohe Variabilität auf – selbst wenn Haushalte die gleiche technische Ausstattung, regionale Umstände sowie Haushaltscharakteristika (Familiengröße, Alter der Familienmitglieder, ethische Gruppe) haben, kann in ihrem Stromverbrauch eine Variabilität bis zu 200% bestehen (Socolow, 1978). Diese Variationen sind zurückzuführen auf Differenzen in technischen sowie ökonomischen Faktoren, vor allem aber auf das menschliche Verhalten.

Um Verhaltensänderung der Stromkunden herbeizuführen, müssen geeignete Anreize verschafft werden, die das menschliche Verhalten von Endkunden sinnvoll berücksichtigen. Deshalb werden im Folgenden zunächst unterschiedliche Modelle zur Erklärung des Energienutzungsverhaltens von Endkunden untersucht. In der Literatur wird es grundsätzlich zwischen dem ökonomischen, dem verhaltensökonomischen, sowie dem sozialpsychologischen Verhaltensmodell unterschieden.

Während das ökonomische Modell Rational-Choice-Modell davon ausgeht, dass Menschen sich rational verhalten und ihre Entscheidungen nutzenmaximierend treffen, werden in der Realität ständig Abweichungen von der Theorie beobachtet, wo Menschen sich oft nicht rational verhalten, z.B. auch, wenn es um Stromnutzung geht. Diese Abweichungen, auch kognitive Verzerrungen („biases") genannt, können dann mithilfe von der Verhaltensökonomik und Soziopsychologie erklärt werden. Im Kontext von Stromverbrauch sind insbesondere kognitive Verzerrungen wie z.B. die „Status-Quo-Verzerrung" – Tendenz der Menschen das Bestehende beibehalten zu wollen und die „Satisfizierung" – Tendenz der Menschen, nur Bemühungen auszuüben, um ein zufriedenstellendes, aber nicht optimales Ergebnis zu erzielen, relevant, die im Rahmen von dieser Arbeit jedoch nicht vertieft werden (Frederiks, Stenner, & Hobman, 2015).

Psychologische Phänomene wie normativer sozialer Einfluss, intrinsische und extrinsische Anreize spielen ebenso eine zentrale Rolle in Bezug auf das Verhalten von Stromkunden.

Normativer sozialer Einfluss

Menschen sind soziale Wesen, die sich den sozialen Normen entsprechend verhalten und oft von Einstellungen und Verhalten anderer beeinflusst werden. Sie tendieren dazu, soziale Vergleiche zu machen und sich im Vergleich von anderen zu sehen (Frederiks, Stenner, & Hobman, 2015).

Intrinsische und extrinsische Anreize

Bei Anreizen oder Motivationsfaktoren wird zwischen intrinsisch und extrinsisch unterschieden. Während extrinsisch z.B. Geld sein kann, sind intrinsische Anreize beispielsweise Beitrag zur sozialen Gerechtigkeit oder gutes Gefühl nach einer guten Tat (Frederiks, Stenner, & Hobman, 2015). Empirisch wurde jedoch bewiesen, dass die Effekte von finanziellen Anreizen oft von kurzer Dauer sind, d.h. nach Entfernung der Anreize verhalten sich die Menschen wieder wie vor der Einführung der Anreize (Frederiks, Stenner, & Hobman, 2015).

2.2. Demand-Response

Maßnahmen, die das Ziel verfolgen, die Energienachfrage von Stromkunden zu beeinflussen, werden allgemein unter dem englischen Begriff „Demand-Response" zusammengefasst (Dütschke, Unterländer, & Wietschel, 2012). Dabei lassen sich Demand Response Programme oft zwischen regelbaren („dispatchable") und nicht-regelbaren (non-dispatchable) Programmen unterscheiden.

Stromkunden können freiwillig an den regelbaren Programmen teilnehmen, indem sie dem Netzbetreiber das Recht geben, während den Spitzenlastzeiten bestimmte Haushaltslasten wie z.B. Klimaanlage oder Wassererhitzer direkt zu kontrollieren (z.B. Direct Load Control (DLC)). Teilnehmer dieser Programme erhalten dann Bonuszahlungen oder Gutschriften für die Lastreduktion. Eine Übersicht über mögliche Demand Response Programme wird in Abbildung 1 dargestellt.

Abbildung 1 Übersicht über mögliche Demand Response Programme, eigene Darstellung, in Anlehnung an Shariatzadeh, et al. (2015) & Dütschke, et al. (2012)

Nicht-regelbare Programme werden auch zeitbasierte oder preisbasierte Programme („time-based programs" oder „price-based programs") genannt, bei denen es um zeitvariable Tarife geht, die dazu dienen sollen, die Nachfragekurve von Strom abzuflachen. In Abhängigkeit von der Zeit werden unterschiedlich hohe Preise verlangt, die den Stromkunden den finanziellen Anreiz geben sollen, ihr Verhalten im Stromverbrauch an die Verfügbarkeit des Stroms anzupassen. Wie genau die einzelnen variablen Tarife funktionieren, wird im Abschnitt 3.1. erläutert.

Während regelbare Programme gut für industrielle Kunden geeignet sind, finden nicht-regelbare Programme wie die variablen Stromtarife meist bei den Haushaltskunden Anwendung. Von daher wird im Rahmen dieser Arbeit der Fokus auf die nicht-regelbaren Programme gelegt.

3. Konzepte zur Verhaltensänderung

Es existiert eine Vielzahl von Studien, die sich mit Konzepten zur Verhaltensänderung von Stromkunden auseinandergesetzt haben. Dabei haben sich zwei große Bereiche als besonders wichtig herauskristallisiert: Variable Tarifmodelle, Information und Feedback. Andere Treiber der Verhaltensänderung, die nicht wirklich als ganzheitliches Konzept betrachtet werden können, jedoch auch einen Einfluss auf Verhaltensänderung haben, werden im 3.3. zusammengefasst.

3.1. Variable Tarifmodelle

Das Forschungsinteresse an variablen Tarifmodellen ist in letzten Jahren rasant gestiegen, da diese sehr gut als Preisinstrumente eingesetzt werden können, um Flexibilität von Stromkunden herbeizuführen. Die Grundidee dabei ist, hohe Strompreise für Lastspitzenzeiten (wo Nachfrage groß und Angebot gering ist) zu setzen und niedrige Preise für Zeiten mit niedriger Belastung. Das Ziel wäre eine Lastverschiebung von Stromkunden, wo sie einen Teil ihrer Nachfrage von den Lastspitzenzeiten in die Zeiten mit weniger Belastung verschieben.

Durch die dynamischen Preise kann somit für Stromkunden ein monetärer Anreiz geschaffen werden, wo sie versuchen, Ihre Stromkosten zu reduzieren. Dieser Anreiz ist als extrinsischer Anreiz zu betrachten, da die Preissignale von außen kommen („extrinsisch"), und die Kunden finanziell belohnt werden, wenn sie Strom in Niedriglastzeiten verbrauchen und bestraft, wenn sie dies in Spitzenlastzeiten tun.

3.1.1. Attribute und Spezifikationen von Tarifmodellen

Attribute	Mögliche Spezifikationen
Grundprinzip	Preis pro KWh hängt von • Zeit der Nutzung, • Lastniveau, oder beides ab.
Dynamik • **Preiszonen** • **Zeitplan**	Definiert Anzahl der Preiszonen (von 1 bis beliebig) Definiert wann und wie lange eine Preiszone gilt
Preis	Bestimmt die Preisspanne, die entweder • festgelegt ist, • innerhalb einer Bandbreite variiert oder • keiner Grenze ausgesetzt ist.
Fixkosten	In Form einer Grundgebühr oder Miete für technische Ausstattung
Außerordentliche Events	Events wie CPP oder Niedrigpreisperioden, die wenige Male im Jahr auftreten
Technische Ausrüstung	Ausrüstung, die das Haushalt im Umgang mit variablen Tarifen einsetzt, z.B. Smart Meter, intelligente Hausgeräte, Nachfrage-Automation
Demand Response	Manuelle oder automatisierte Demand Response

Abbildung 2 Überblick über möglichen Attribute und Spezifikationen von Tarifmodelle nach Dütschke, Unterländer, & Wietschel (2012)

Theoretisch wäre eine Vielzahl an Variationen des variablen Tarifs möglich, da es einige Attribute gibt, die man variieren kann. Eine Übersicht über möglichen Attribute und ihre Spezifikationen können in der Tabelle 1 entnommen werden.

Eine grundsätzliche Unterscheidung des Grundprinzips besteht darin, ob der Preis zeitvariabel oder lastvariabel ist. Während zeitvariable Preise von dem Zeitpunkt der Stromnachfrage abhängt, hängt der lastvariable Preis von dem aktuellen Lastniveau des Haushalts bei der Nachfrage ab.

In Bezug auf die Dynamik des Preises wird über Anzahl der Preiszonen und den konkreten Zeitplan bestimmt. Außerdem soll bestimmt werden, welche Preisspanne gelten soll, in der der tatsächliche Strompreis zu erwarten ist, d.h. wie stark der Preis variieren darf.

Andere Attribute sind evtl. für die technische Infrastruktur anfallende Fixkosten, außerordentliche Events wie Lastspitzen oder Niedrigpreisperioden im Programm.

Technische Ausrüstung ist ein weiteres wichtiges Element. So ist z.B. das Vorhandensein eines Smart Meters, der die aktuelle Last des Haushalts veranschaulicht, eine Grundvoraussetzung für die Umsetzbarkeit eines variablen Stromtarifs (Faruqui & George, 2005). Oft werden auch Informationssysteme wie Internetportale oder In-House-Displays (IHD) eingesetzt, wo der Stromkunde detaillierte Informationen zum Stromverbrauch und zur Stromrechnung erhält.

Dann ist noch die Frage, auf welche Art und Weise die Demand-Response Maßnahme durchgeführt wird, manuell, oder automatisiert. Während bei einer manuellen Steuerung Stromkunden ihre Haushaltsgeräte alle per Hand ein- und ausschalten, wird bei einem automatisierten Lastmanagement hingegen vorprogrammiert, wie die angeschlossenen Haushaltsgeräte auf externe Steuersignale reagieren (Dütschke, Unterländer, & Wietschel, 2012).

Es existieren drei Arten von variable Stromtarifen, die sowohl in der Literatur mehrfach erwähnt, als auch in der Praxis in vielen Feldstudien erprobt werden, sie sind: Time-of-Use (ToU), Critical-Peak Pricing (CPP) und Real-Time Pricing (RTP). Im Folgenden werden sie näher erläutert.

3.1.2. Drei bekannte Tarifmodelle

Time-of-Use

Time-of-Use (ToU) ist der variable Stromtarif, der am wenigsten dynamisch ist. Für definierte Zeitzonen werden unterschiedliche Strompreise verlangt, die den Kunden lange im Voraus bekannt sind. Häufig besteht der ToU-Tarif nur aus zwei bis drei Preiszonen, z.B. eine Preiszone für höhere Last („on-peak ") und eine Preiszone für niedrigere Last („off-peak"), ggf. noch eine dritte für mittlere Last („mid-peak") (Zipperer, et al., 2013).

Critical-Peak Pricing

Aufgrund der doch statischen Natur des ToU-Tarifs werden dynamischere Tarife wie beispielsweise Critical-Peak Pricing (CPP) untersucht. Der CPP-Tarif ist im Prinzip ähnlich aufgebaut wie ein ToU-Tarif, hat aber zusätzlich noch die Eigenschaft, dass sehr hohe Strompreise für wenige Stunden im Jahr verlangt werden, wo extreme Spitzenlasten auftreten. Die Stromkunden werden in einem solchen Fall meistens einen Tag davor über das Auftreten des außerordentlichen Events informiert. Eine kundenfreundliche Variante von CPP ist das Peak-Time Rebate (PTR), wo die Stromkunden Gutschriften dafür erhalten, dass sie während der Spitzenlastzeiten ihren Verbrauch senken.

Real-Time Pricing

Der Real-Time Pricing (RTP) Tarif weist einen sehr hohen Grad der Dynamik auf, da die Strompreise den aktuellen Marktpreisen folgen. Das kann in 5-minütige Perioden erfolgen, realistischer für die Umsetzung wäre es aber auf einer stündlichen Basis (Allcott H. , 2011).

3.2. Information und Feedback

Ein anderer Ansatz, Verhaltensänderung bei Endkunden zu bewirken, ist durch Information und Feedback. Dabei können unterschiedliche Formen von Informationssystemen und Feedback-Mitteln zum Einsatz kommen, vom statischen Formen wie Türhänger, informative

Stromrechnung und Website bis zu intelligente Technologien wie Smart Meter mit In-House-Display (IHD) (Schuitema, Ryan, & Aravena, 2017) (Zipperer, et al., 2013).

Durch Bereitstellung von ausgewählten Informationen sowie Feedback-Daten mithilfe von Informationssystemen können dabei insbesondere drei Ziele erreicht werden:

1. die Einführung und Nutzung von variablen Stromtarifen kann unterstützt werden;
2. das Wissen sowie Bewusstsein von Kunden können erhöht werden;
3. nicht-monetäre Anreize können geschaffen und gezielt angesprochen werden.

3.2.1. Unterstützung des variablen Stromtarifs

Wie bereits in 3.1. Variable Stromtarife angedeutet, sollen Informationssysteme und Feedback-Mittel wie Internetportale oder In-House-Displays (IHD) mit variablen Tarifen kombiniert werden, um eine erfolgreiche Verhaltensänderung von Stromkunden zu bewirken. Die kundenspezifischen Informationen beinhalten oft den individuellen Stromverbrauch, aktuelle Strompreise, Prognosen des zukünftigen Energieverbrauchs, Stromerzeugung nach Energiequellen sowie Stromzahlungen (Schuitema, Ryan, & Aravena, 2017).

3.2.2. Erhöhung von Kundenwissen und Kundenerziehung

Selbst, wenn Kunden durch Anreize motiviert sind, kann es passieren, dass sie aufgrund des Wissensmangels kein optimales Energienutzungsverhalten zeigen. Wichtig ist deshalb, Kunden zu helfen, langfristig Wissen aufzubauen und das Bewusstsein über das Thema „Energie" zu erhöhen.

Obwohl die Informationsbereitstellung Effekte in Verhaltensänderung von Stromkunden bewirkt, sind diese jedoch erstens relativ klein (5-15%) und zweitens oft nur von kurzer Dauer (Schuitema, Ryan, & Aravena, 2017). Ein Vorschlag wäre, einen langfristigen Lerneffekt bei Stromkunden zu erzeugen, in dem ihnen Hilfe bei der Interpretation der Informationen geboten wird. Zum Beispiel können zusätzliche Informationen zur Verfügung gestellt werden, die die Konsequenzen von ihrem Stromverbrauch verdeutlichen (z.B. finanzielle Konsequenzen oder Umweltkonsequenzen, hierzu siehe auch Abschnitt 3.2.3.) (Schuitema, Ryan, & Aravena, 2017). Somit können die Stromkunden lernen und gleichzeitig nachvollziehen, welche Aktion welche Konsequenzen hat. Nach einigen Durchläufen kann es sogar zu ihren Gewohnheiten werden.

Man spricht auch von Kundenerziehung („customer education"), wo es versucht wird, Kunden besser auf die zukommenden Programme vorzubereiten durch Informationen über das Programm, die Energieeinsparung und durch Bereitstellung von Tipps und Ratschlägen. Stromback, Dromacque & Yassin (2011) haben herausgefunden, dass Pilotprojekten mit Elementen der Kundenerziehung 4% Nachfragereduktion insgesamt und 6% in der

Spitzenlast zeigen, während die ohne Kundenerziehung 1% Nachfrageerhöhung insgesamt und 4% Spitzenlastreduktion aufweisen.

3.2.3. Schaffung von nicht-monetären Anreizen

Wie bereits im Abschnitt 2.1 Stromkundenverhalten beschrieben wurde, gibt es neben den extrinsischen Anreizen auch die intrinsischen Anreize für menschliches Verhalten. Menschen handeln nämlich nicht nur eigennutzenmaximierend, sondern berücksichtigen auch kollektive Konsequenzen. Sobald die Kunden verstehen können, wie ihr eigenes Verhalten Auswirkung auf die Umwelt, auf die Gesundheit der Mitmenschen haben, können sie von sich aus motiviert sein, ihr Verhalten zu ändern.

Im Kontext auf den Stromverbrauch können in der Literatur unterschiedliche nicht-monetäre Anreize identifiziert werden:

- a. Informationen über Umwelteffekte
- b. Informationen über Gesundheitseffekte
- c. Normative Informationen für sozialen Vergleich

Informationen über Umwelteffekte

Umwelterwägungen spielen eine immer wichtigere Rolle für die heutigen Stromkunden. Denn aus Umfragen und Studien hat sich ergeben, dass die Mehrheit der Konsumenten bei der Wahl Ihrer Energie oder sonstigen Produkte auf Umweltaspekte achten (Gangale, Mengolini, & Onyeji, 2013).

Dass das Energienutzungsverhalten von einzelnen Haushalten Konsequenzen auf die Umwelt hat, sind sich vielen Kunden jedoch nicht bewusst. In fast allen Energieversorgungsystemen besteht ein direkter Zusammenhang zwischen Spitzenbedarf an Strom und Umweltemissionen (Gyamfi & Krumdieck, 2011). Dabei können durch eine Verhaltensänderung von Haushaltskunden signifikante Spitzenlastreduktion und Energieeinsparung erzielt werden, die dann eine sofortige Emissionsminderung (z.B. CO_2) hervorrufen (Dietz, Gardner, Gilligan, Stern, & Vandenbergh, 2009) Die Frage, inwiefern Stromkunden ihr Verhalten ändern, wenn ihnen Informationen über Umweltkonsequenzen ihrer Stromnachfrage (z.B. CO_2-Bilanz) bereitgestellt werden, wird anhand von Feldstudien im Abschnitt 4.2. beantwortet.

Informationen über Gesundheitseffekte

Ähnlich wie bei Umwelteffekten, auch der Zusammenhang zwischen Stromverbrauch und Konsequenzen auf die Gesundheit ist für die meisten Stromkunden nicht leicht erkennbar (Asensio & Delmas, 2015). Dabei entstehen viele globale Gesundheitsschäden wegen der Luftverschmutzung aus Kohle und Erdgas, die immer noch eine Mehrheit der derzeitigen Energieversorgung darstellen (Asensio & Delmas, 2015). Durch Bereitstellung von

Informationen über Gesundheitseffekte des Stromverbrauchs können Kunden dazu intrinsisch motiviert werden, Schaden für Mitmenschen und sich selbst zu reduzieren.

Normative Informationen für sozialen Vergleich.

Im Abschnitt 2.1. Stromkundenverhalten wurde über das psychologische Phänomen, dass das menschliche Verhalten normativen sozialen Einflüssen unterliegt, gesprochen. Ein möglicher Anreiz wäre in diesem Fall, normative Informationen bereitzustellen, die einen sozialen Vergleich zwischen dem individuellen Stromverbrauch und dem Stromverbrauch des anderen (z.B. dem Nachbarn, dem Durchschnittsdeutschen oder Stromkunden, die einem ähnlich sind) ermöglicht (Zipperer, et al., 2013).

3.3. Andere Treiber der Verhaltensänderung

Neben den wichtigsten Konzepten wie variable Tarifmodelle und Informationssysteme gibt es noch andere Treiber, die auch Einfluss auf das Verhalten von Stromkunden haben.

3.3.1. Automatisierung

Ein solcher Treiber wäre die Automatisierung. Die Automatisierung ermöglicht es den Stromkunden, mit wenigem Aufwand ihren Stromverbrauch flexibler zu gestalten, da die Haushaltsgeräte automatisiert auf externe Signale reagieren. Somit kann besser auf die dynamischen Preisen reagiert werden, wobei bessere Ergebnisse in Spitzenlastreduktion und Stromkostensenkung erzielt werden können (Dütschke, Unterländer, & Wietschel, 2012).

Allerdings könnten Stromkunden großes Bedenken über Datenschutz haben und auch Widerstreben, die Kontrolle über die eigenen Haushaltsgeräte Dritten zu überlassen. Eine Lösung wäre, den Endkunden die Option zu geben, die vorgegebenen Einstellungen zu ändern oder zu überschreiben. Außerdem werden strenge Regelungen für den Umgang mit privaten Verbraucherdaten erfordert.

3.3.2. Nudging

Die Strategie „Nudging" verändert den Entscheidungskontext des Kunden so, dass die erwünschte Option automatisch gewählt wird (Schuitema, Ryan, & Aravena, 2017), z.B. indem die erwünschte Option als die Default-Option dargestellt wird.

Ein beliebtes Beispiel dafür ist die Frage an Kunden, ob sie an einem Pilotprojekt teilnehmen möchten. Während die erste Gruppe aktiv ihre Teilnahme durch das Anklicken des Kontrollkästchens bestätigen soll („opt-in"), lehnt die zweite Gruppe durch das Anklicken der Kontrollkästchen ihre Teilnahme explizit ab („opt-out"). Ergebnisse der Feldstudien zeigen, dass mehr Kunden in der Opt-Out-Variante die Teilnahme akzeptiert haben als in der Opt-In-Variante (Schuitema, Ryan, & Aravena, 2017).

Bisher wurden Konzepte zur Verhaltensänderung von Stromkunden vorgestellt, im nächsten Abschnitt werden die Auswirkungen dieser Konzepte auf das Alltagsleben von Kunden anhand von ausgewählten Feldstudien vorgestellt und analysiert.

4. Feldstudien

4.1. Feldstudien über variable Tarife

Es werden insgesamt drei Feldstudien ausgewählt, die sich als besonders repräsentativ und aussagekräftig herausgestellt haben. Zunächst wird jeweils der ToU-Tarif und RTP-Tarif in einer Feldstudie untersucht, dann werden Attribute des variablen Tarifs in einem Experiment variiert, um Stromkundenpräferenzen zu untersuchen.

4.1.1. ToU- Pilotprojekt in Irland

Ein großes Pilotprojekt zu Smart Meter und ToU-Tarif wurde von Commission for Energy Regulation in Irland durchgeführt und zeigt sich als einer der statisch robustesten Studien (CER, 2011). Haushaltskunden bekommen einen ToU-Tarif mit drei Preiszonen (Nachttarif, Tagestarif und Spitzentarif, siehe Abbildung 3) in Kombination mit unterschiedlichen Formen von Feedback-Mitteln, und zeigen eine Nachfragereduktion von 2,5% insgesamt und 8,8% während den Spitzenlastzeiten gegenüber der Kontrollgruppe. Die Feedback-Mittel IHD und zweimonatige informative Rechnung sind besonders wirkungsvoll, dort beträgt die Spitzenlastreduktion sogar 11,3%.

Abbildung 3 Das ToU-Tarifdesign von dem CER Pilotprojekt nach CER (2011)

Zu Auswirkungen des ToU-Tarifs auf Alltagsleben von Kunden ist zu sagen, dass 82% der Teilnehmer ihr Stromnutzungsverhalten aufgrund dieses Pilotprojekts geändert haben. Kunden haben jedoch Bedenken, dass eine Lastverschiebung in die Nacht die Sicherheit und den Komfort beeinträchtigen würde.

4.1.2. RTP-Feldstudie in Chicago

Eine der ersten Feldstudien zur Untersuchung von Auswirkungen des RTP-Tarifs auf Stromkundenverhalten ist durch die Studie von Isaacson, Kotewa, Star & Ozog (2006) gegeben. Der „Illinois Energy-Smart-Pricing Plan (ESPP)" hat drei Jahre lang täglich 750-1500 Teilnehmer per Telefon oder Website über die stündlich veränderlichen Preise des nächsten Tages benachrichtigt. Außerdem wurden Materialien zur Kundenerziehung und individueller Verbrauchsfeedback angeboten.

Eine Nachfragereduktion der Stromkunden gegenüber der Kontrollgruppe beträgt im Sommer 3-4%, allerdings wird im Winter kein signifikanter Unterschied zwischen beiden Gruppen festgestellt. Wenn eine Visualisierung der Preisstufe gegeben ist (durch eine Kugel, die je nach dem Preis in unterschiedlichen Farben leuchtet), steigt die Antwortrate auf 50%, sie steigt noch mehr, wenn Klimaanlage während Spitzenlastzeiten automatisiert fährt.

4.1.3. Experiment am Energy Smart Home Lab (ESHL) in Karlsruhe

Ein Experiment zu variablen Stromtarifen wurde in einem Smart Home Lab durchgeführt, wo jeweils zwei Testbewohner einige Wochen darin leben und unterschiedliche variable Tarifmodelle wie ToU und RTP getestet werden (Dütschke, Unterländer, & Wietschel, 2012).

Von dem Experiment wird beobachtet, wie die Testbewohner im Laufe der Testwohnphase immer vertrauter mit dem Konzept des variablen Stromtarifs werden und das besser in ihr alltägliches Leben integrieren. Allerdings war die Flexibilität ihres Verhaltens durch die Arbeitszeiten der Testbewohner beschränkt, insbesondere als die Automatisierung noch nicht aktiviert wurde.

Drei Testbewohner von vier finden variable Tarifmodelle besser als statische, allerdings mögen sie keine komplexen Programme. Ein Feedbacksystem und ein Informationssystem für Preise werden als Voraussetzung für die Nutzung von variablen Tarifen gesehen. Zwei von vier Testbewohnern bevorzugen ein RTP-Tarif über ToU-Tarif, da höhere Kostenersparnisse möglich wären.

Möglichkeit der Kostenersparnis ist ein wichtiger Grund, warum die Testbewohner ein bestimmtes Programm bevorzugen. Allerdings ist die realisierte Kostenreduzierung von nur 3% in der Phase I und 6,5% in der Phase II gegenüber der Nutzung von statischen Tarifmodellen, sehr gering. Hoch gerechnet auf ein Jahr entspricht das 20€ und 60€, somit nur das Minimum von den erwarteten 50-150€. Zwei von vier Testbewohner sehen auch den Umweltaspekt als ein wichtiges Motiv und haben sich mehr Informationen über die Stromerzeugungsmatrix gewünscht.

4.2. Feldstudien über Informationssysteme und Feedback-Mittel

4.2.1. Übersichtsartikel zum Vergleich von Feedback-Mittel

In dem Übersichtsartikel von (Stromback, Dromacque, & Yassin, 2011) wurden auch 74 Pilotprojekte zu unterschiedlichen Feedback-Mitteln analysiert. Dabei werden die Feedback-Mittel in vier Typen kategorisiert: Informative Rechnung, IHD, Website und Umgebungsdisplay („ambient display"). Im Gegensatz tu IHD stellen die Umgebungsdisplays keine kundenspezifischen Informationen bereit, sondern stellen lediglich Preissignale oder das Niveau des Stromverbrauchs dar.

Durch einen Vergleich dieser Feedback-Mittel in allen Pilotprojekten kommt man in der Studie zu dem Ergebnis, dass IHD zu höchster Energieeinsparung führt, während die anderen Feedback-Mittel ungefähr gleiche Wirkung haben (siehe Abbildung 4). Eine mögliche Erklärung dafür sei gegeben, dass IHD Informationen in Echtzeit bereitstellt, die es den Kunden erlaubt, ihre Aktion dem Stromverbrauch zuzuordnen.

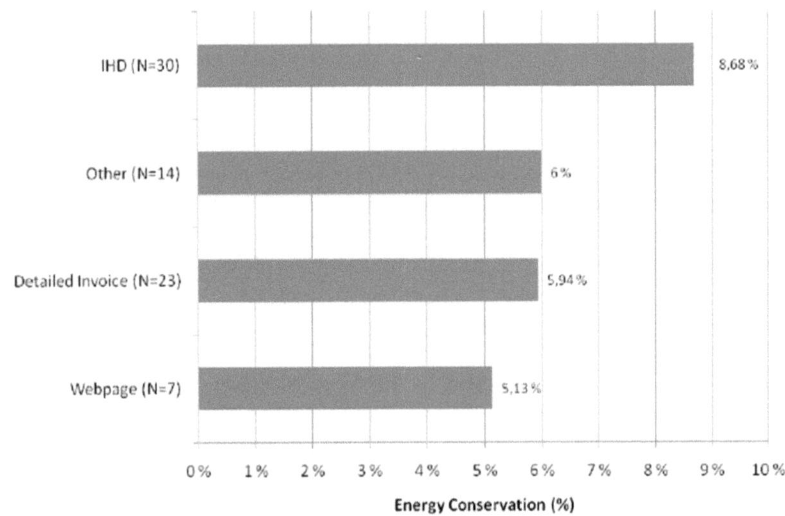

Abbildung 4 Energieeinsparung durch Feedback-Mittel im Vergleich nach Stromback, Dromacque, & Yassin (2011)

4.2.2. Ausgewählte Feldstudien über Information als nicht-monetärer Anreiz

Feldstudie mit Informationen über Umwelt- und Gesundheitseffekte

Eine empirische Studie zur Untersuchung von nicht-monetären Anreizen zur Verhaltenssteuerung von Stromkunden wurde an 118 Haushalten in Los Angeles über die Dauer von acht Monaten durchgeführt (Asensio & Delmas, 2015). Dabei wird zwischen einer nicht-monetären Treatment-Gruppe und einer monetären Treatment-Gruppe unterschieden: Während die nicht-monetäre Gruppe Informationen über Umwelteffekte und Gesundheitskonsequenzen (wöchentliche Schadstoffemissionen und eine Liste von bestimmten gesundheitlichen Konsequenzen wie z.B. Asthmaanfälligkeit bei Kindern und Krebs) erhält, bekommt die monetäre Gruppe Informationen über ihre Stromkosten (wöchentliche Kostenprognosen anstatt monatliche Rechnung).

Als Ergebnis haben die Forscher festgestellt, dass die nicht-monetäre Gruppe ihren Stromverbrauch um 8,2% im Vergleich zu der Kontrollgruppe reduziert hat, besonders effektiv wirken dabei die Umwelt- und Gesundheitskonsequenzen auf Familien mit Kindern, wo eine Energieeinsparung von 19% erreicht wird. Im Gegensatz dazu haben die Informationen über Kostenersparnis in der monetären Gruppe zu keinem signifikanten Energieeinsparungsverhalten geführt.

Feldstudie mit Informationen für sozialen Vergleich

Eine große amerikanische Feldstudie benutzt den sozialen Vergleich als nicht-monetären Anreiz für Energieeinsparungsverhalten von Stromkunden (Allcott H. , 2011). In dem Feldexperiment bekommen Haushalte in den USA den sogenannten „Home Energy Report" Brief zugeschickt, in dem ihr eigener Stromverbrauch mit dem ihrer Nachbarn verglichen wird und praktische Tipps zur Energieeinsparung bekommen. Wie der Vergleich mit den Nachbarn in der Praxis aussieht, kann aus der Abbildung 5 entnommen werden. Der Stromverbrauch pro Kunde wird im Vergleich mit dem Durchschnitt der Nachbargruppe (100 Häuser mit ähnlichen Charakteristiken in geographischer Nähe) und mit dem oberen 20%-Quantil der Nachbargruppe (als „efficient neighbors" bezeichnet) dargestellt.

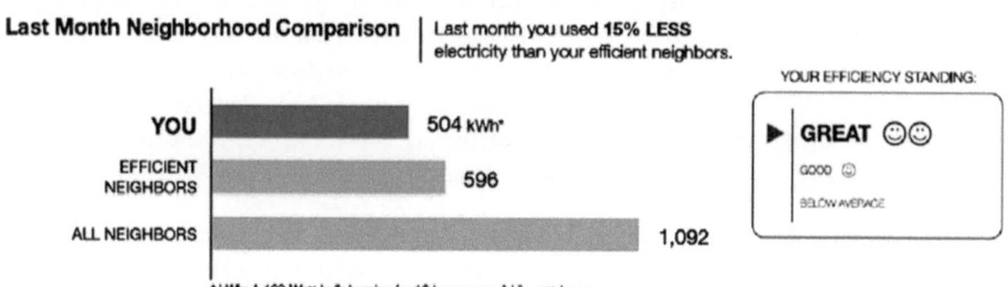

Abbildung 5 Sozialer Vergleich im Home Energy Report nach Allcott, H. (2011)

Daten von über 600.000 teilnehmenden Haushalten wurden analysiert und eine durchschnittliche Stromverbrauchsreduktion von 2,0% ist festzustellen. Damit ist gezeigt, dass nicht-monetäre Anreize wie der soziale Vergleich mit Nachbarn effektiv das Verhalten von Stromkunden ändern können.

5. Diskussion

Im Rahmen dieser Arbeit werden Feldstudien ausgewählt und betrachtet, die die Auswirkung verschiedener Konzepte wie variable Tarife, Information und Feedback auf das Verhalten von Stromkunden besonders zum Vorschein bringen. An dieser Stelle soll jedoch darauf hingewiesen werden, die Ergebnisse der Studien kritisch zu betrachten. Einerseits sind alle Studien nicht frei von Beschränkungen, andrerseits werden Feldstudien allgemein von vielen unkontrollierbaren externen Effekten beeinflusst, die das Forschungsergebnis beeinträchtigen könnten.

Eine Beschränkung vieler Studien ist z.B. die fehlende Aussage über die langfristige Verhaltensänderung, da keine Nachverfolgung nach dem Ende der Feldstudie erfolgt und die meisten Feldstudien nicht länger als ein Jahr dauern. Eine Ausnahme ist dabei die ESPP-Studie in Chicago über RTP-Tarif, wo die Feldstudie über drei Jahre lief (Isaacson, Kotewa, Star, & Ozog, 2006). Als Schlüsselfaktor für die konsistente Verhaltensänderung von Kunden wird dabei die Kundenerziehung genannt.

In vielen Studien wurde bereits die Problematik diskutiert, dass allein durch monetäre Anreize wie die Kostenersparnis durch Nutzung von variablen Tarifen keine Langfristigkeit der Verhaltensänderung gegeben ist (vgl. (Asensio & Delmas, 2015; Gangale, Mengolini, & Onyeji, 2013)). Einerseits liegt das an dem geringen Potenzial der realisierbaren Stromkostenreduktion – z.B. jährlich nur knappe $65-$80 in den USA (Asensio & Delmas, 2015) - und andrerseits daran, dass die Stromkosten nur einen geringen Anteil der Gesamtausgaben des Haushalts ausmachen. Problematisch wird es, wenn der Stromkunde durch das Kostenersparnispotenzial des variablen Stromtarifs motiviert ist und später die erwarteten Ersparnisse doch nicht erreicht. Diese frustrierende Erfahrung kann sowohl die Motivation des Stromkunden, weiterhin variablen Stromtarif zu nutzen, als auch das aufgebaute Vertrauen zwischen ihm und dem Energieversorger langfristig Schaden zufügen (Gangale, Mengolini, & Onyeji, 2013).

Ein anderes Phänomen, das auch die Nachhaltigkeit des variablen Tarifs beeinträchtigen kann, ist die sogenannte „Antwortmüdigkeit" („Response fatigue") (Kim & Shcherbakova, 2011). Im Gegensatz zu statischen Stromtarifen ist der Kunde bei einem variablen Tarif täglich mit aktiven Verbrauchsentscheidungen konfrontiert, was schnell zur Müdigkeit führen kann und dazu, dass der Kunde zurück zu einem statischen Tarif wechselt. Empirisch wurde ein solches Verhalten bereits in diversen Regionen beobachtet, wo 98% der Kunden auf einen ToU-Tarif verzichtet haben und wieder zurück zu einer festen Stromrate wechseln (Kim & Shcherbakova, 2011). Eine Lösung hierfür wäre, eine Form der Automatisierung anzubieten, die es den Kunden dennoch Flexibilität erlaubt.

Weitere nennenswerte Herausforderungen des Konzepts „variable Stromtarife" sind noch die oft wahrgenommene hohe Preiskomplexität der variablen Tarife (Layer, Feurer, & Jochem, 2017) und hohe Investition in die technische Infrastruktur, z.B. Smart Meter, die jedoch als eine Voraussetzung für die Nutzung von variablen Tarifen gesehen werden (Dütschke, Unterländer, & Wietschel, 2012). Ein Gerechtigkeitsproblem könnte ebenso entstehen, da es empirisch beobachtet wird, dass Einkommensschwache Haushalte stärker auf Preissignale reagieren als einkommensstarke Haushalte, da die Stromkosten für die Erstgenannten einen größeren Anteil an Gesamtausgaben darstellen (Isaacson, Kotewa, Star, & Ozog, 2006). Sie tendieren eher dazu, Lebensstileinschränkungen („lifestyle cutbacks") in Kauf zu nehmen, was das aktuelle Problem der „Energiearmut" zusätzlich verstärkt.

Da monetäre Anreize alleine nicht ausreichen, um die Motivation der Konsumenten über längere Zeit zu halten (Gangale, Mengolini, & Onyeji, 2013), werden nicht-monetäre Anreize wie Informationsbereitstellung über Umwelt- und Gesundheitseffekte oder für sozialen Vergleich herangezogen.

6. Fazit

Flexibilität im Verhalten von Stromkunden ist nicht nur ein relevantes Thema für das heutige Energieversorgungssystem, sondern auch für die heutige Gesellschaft als Ganzes. Individuelle Stromverbraucher können nämlich durch ihre Änderung im Energienutzungsverhalten im Haushalt einen Beitrag zur Senkung der Spitzenlast, Integration der erneuerbaren Energien und Stabilisierung des Netzsystems leisten. Es sollen den Stromkunden nur passende Anreize gegeben werden, dies zu tun.

Anreize monetärer oder nicht-monetärer Art werden anhand von diversen Konzepten geschaffen, um Verhaltensänderung von Stromkunden herbeizuführen. Zwei zentrale Konzepte sind dabei variable Stromtarife und Information und Feedback. Insbesondere die variablen Stromtarife wie der ToU-Tarif und RTP-Tarif haben in den letzten Jahren an Bedeutung gewonnen und werden bereits extensiv empirisch erforscht. Obwohl in allen betrachteten Feldstudien signifikante Ergebnisse im Verhaltensänderung in Form von Nachfragereduktion von Stromkunden festzustellen sind, entstehen auch viele Herausforderungen. Eine Herausforderung wäre z.B. die Nachhaltigkeit der Verhaltensänderung von Stromkunden, die leider selten in Feldstudien nachzuweisen ist. Generell viel diskutiert wurde der Ansatz, Kunden Informationen bereitzustellen, um einen langfristigen Lerneffekt zu erzeugen und so die Kunden zu „erziehen". Für eine langfristige Verhaltensänderung durch variable Stromtarife spielen zudem noch andere Faktoren wie Automatisierung, Einsatz von technischer Infrastruktur und Feedback-Mitteln eine große Rolle.

Das Konzept „Information und Feedback" kann ebenso dazu dienen, nicht-monetäre Anreize für Stromkunden zu verschaffen. Durch Bereitstellung von Informationen über Umwelt- und

Gesundheitskonsequenzen oder Vergleich mit anderen kann der Stromkunde intrinsisch motiviert sein, sein Verhalten zu ändern. Sowohl Konzepte als auch Anreize können miteinander kombiniert werden, um das bestmögliche Ergebnis bei den Stromkunden zu erzielen. Da das menschliche Verhalten oft nicht rational ist, gibt es bei der Gestaltung von Konzepten zur Verhaltensänderung bei Stromkunden viele Faktoren und Besonderheiten zu beachten, was allgemein eine große Herausforderung darstellt. Für die Zukunft sollen noch mehr Einblicke in das Verhalten von Stromkunden gewonnen werden, um attraktive Konzepte zur Verhaltensänderung herausarbeiten zu können.

Literaturverzeichnis

Allcott, H. (2011). Rethinking real-time electricity pricing. *Resource and energy economics, 33*(4), S. 820-842.

Allcott, H. (2011). Social norms and energy conservation. *Journal of Public Economics, 95*(9-10), 1082-1095.

Asensio, O. I., & Delmas, M. A. (2015). Nonprice incentives and energy conservation . *Proceedings of the National Academy of Sciences, 112*(6), S. E510-E515.

BDEW. (07 2016). Abgerufen am 23. 07 2017 von https://www.bdew.de/: https://www.bdew.de/internet.nsf/id/429608E39C78C170C12579C20041565C/$fil e/EEV%20nach%20Verbrauchergruppen%20Vergleich%202005_2015_online_o_j aehrlich_Ki_22092016.pdf

BDEW Bundesverbund der Energie- und Wasserwirtscha. (07 2016). Von https://www.bdew.de/: https://www.bdew.de/internet.nsf/id/429608E39C78C170C12579C20041565C/$fil e/EEV%20nach%20Verbrauchergruppen%20Vergleich%202005_2015_online_o_j aehrlich_Ki_22092016.pdf abgerufen

Becker, S., H. Koziolek, & R. Reussner. (2009). The Palladio component model for modeldriven performance prediction. S. 82, S. 3-22.

CER. (2011). Electricity Smart Metering Customer Behaviour Trials (CBT) Findings Report. Dublin, Ireland.

Dütschke, E., Unterländer, M., & Wietschel, M. (2012). *Variable Stromtarife aus Kundensicht: Akzeptanzstudie auf Basis einer Conjoint-Analyse* (Bd. S1). Working paper sustainability and innovation.

Darby, S. J., & McKenna, E. (2012). *Social implications of residential demand response in cool temperature climates.* Oxford: Energy Policy.

Dietz, T., Gardner, G. T., Gilligan, J., Stern, P., & Vandenbergh, M. (2009). Household actions can provide a behavioral wedge to rapidly reduce US carbon emissions. *Proceedings of the National Academy of Sciences, 106*(44), S. 18452-18456.

Faruqui, A., & George, S. (2005). Quantifying customer response to dynamic pricing . *The Electricity Journal, 18*(4), S. 53-63.

Frederiks, E. R., Stenner, K., & Hobman, E. V. (2015). *Household energy use: Applying behavioural economics to understand consumer decision-making and behaviour* (Bd. 41). Renewable and Sustainable Energy Reviews.

Gangale, F., Mengolini, A., & Onyeji, I. (2013). Consumer engagement: An insight from smart grid projects in Europe . *Energy Policy, 60*, S. 621-628.

Gyamfi, S., & Krumdieck, S. (2011). Price, environment and security: Exploring multi-modal motivation in voluntary residential peak demand response . *Energy Policy, 39*(5), S. 2993-3004.

Isaacson, M., Kotewa, L., Star, A., & Ozog, M. (2006). Changing how people think about energy .

Kim, J. H., & Shcherbakova, A. (2011). Common failures of demand response. *Energy, 36*(2), 873-880.

Layer, P., Feurer, S., & Jochem, P. (2017). Perceived price complexity of dynamic energy tariffs: An investigation of antecedents and consequences. *Energy Policy*(106), 244-254.

Schuitema, G., Ryan, L., & Aravena, C. (2017). *The Consumer's Role in Flexible Energy Systems: An Interdisciplinary Approach to Changing Consumers' Behavior.* IEEE Power and Energy Magazine.

Shariatzadeh, F., Mandal, P., & Srivastava, A. K. (2015). *Demand response for sustainable energy systems: A review, application and implementation strategy* (Bd. 45). USA: enewable and Sustainable Energy Reviews,.

Socolow, R. (1978). *Saving energy in the home: Princeton's experiments at Twin rivers.* Cambridge, MA, USA: Ballinger Publishing Company.

Stromback, J., Dromacque, C., & Yassin, M. (2011). The potential of smart meter enabled programs to increase energy and systems efficiency: a mass pilot comparison Short name: Empower Demand .

Zipperer, A., Aloise-Young, P. A., Suryanarayanan, S., Roche, R., Earle, L., Christensen, D., . . . Zimmerle, D. (2013). Electric energy management in the smart home: Perspectives on enabling technologies and consumer behavior. *Proceedings of the IEEE, 101*(11), S. 2397-2408.